探秘智慧能源
地热

小石头 编著

中国经济出版社
CHINA ECONOMIC PUBLISHING HOUSE

·北京·

图书在版编目(CIP)数据

探秘智慧能源：地热/小石头编著．――北京：中国经济出版社，2024.10
ISBN 978-7-5136-7088-3

Ⅰ.①探… Ⅱ.①小… Ⅲ.①地热能-少儿读物
Ⅳ.①TK521-49

中国版本图书馆CIP数据核字(2022)第166025号

出版策划	杨　莹
责任编辑	闫明明
责任印制	马小宾

出版发行	中国经济出版社
印 刷 者	北京艾普海德印刷有限公司
经 销 者	各地新华书店
开　　本	889mm×1194mm　1/16
印　　张	5
字　　数	40千字
版　　次	2024年10月第1版
印　　次	2024年10月第1次
定　　价	88.00元

广告经营许可证　京西工商广字第8179号

中国经济出版社　网址http://epc.sinopec.com/epc/　社址北京市东城区安定门外大街58号　邮编100011

本版图书如存在印装质量问题，请与本社销售中心联系调换(联系电话：010-57512564)

版权所有　盗版必究(举报电话：010-57512600)

国家版权局反盗版举报中心(举报电话：12390)　　　服务热线：010-57512564

有这样一种能源：

来自地球火热的"内心"，

储藏在我们看不见的地下，

造就了很多奇妙的自然景观，

它就是清洁、环保、可再生的地热能。

地热能是什么？它是如何形成的呢？你知道地球上地热资源最丰富的地方在哪里吗？你见过从地下流出来就热气腾腾，可以煮熟鸡蛋的水吗？地热能在我们的生活中有什么用途？地热能对地球环境的保护又能产生怎样的作用呢？

现在，就让我们跟随能源专家小·石头一起走进神秘的地热世界，解开地热能的绿色密码吧！

目录

神秘的地热世界 5

瞧一瞧地球的内部结构 7

地球是个大"热库" 9

源源不断的热量传递 11

分布广泛的地热资源 13

多种多样的地热资源 15

地热水的旅行 17

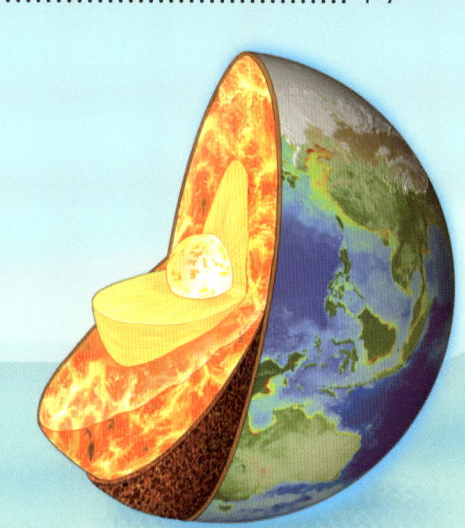

美丽的地热景观	21
火山喷发啦！	23
不安分的间歇泉	27
三个孪生子	31
奇异的泉华	34

神奇的地热用途 37

地热能就在我们身边 39

地心的热量来到了我家 45

地热水也需要休息 49

走进"地热城" 51

清洁稳定的地热发电 55

井下换热 57

干热岩:等待开发的未来能源 59

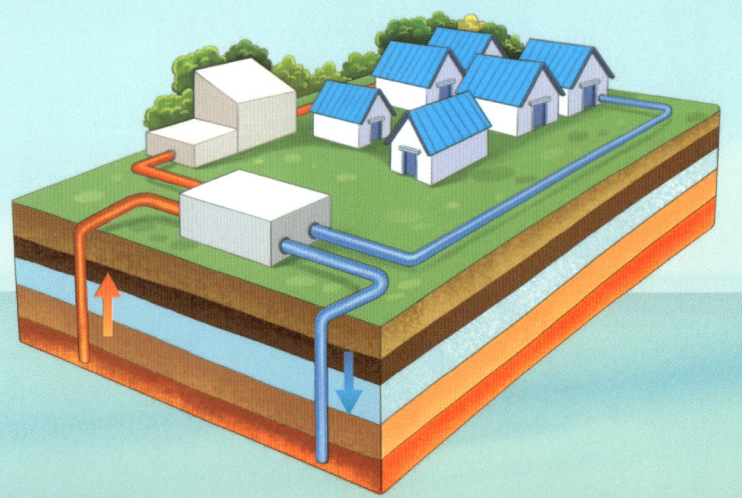

清洁地热 绿色地球 63

雾霾的成因 65

什么是碳排放？ 67

算一算，地热供暖减碳知多少 71

瞧一瞧地球的内部结构

想知道地热是怎么形成的，我们首先要了解一下地球的内部结构。

哇，地球好像一个半熟的鸡蛋呀。

地球是一个平均半径大约6371千米的巨大椭球体。100多年前，科学家们就发现地球内部存在两个明显的界面——莫霍面和古登堡面。它们将地球的内部结构分成三个圈层：地壳、地幔和地核。

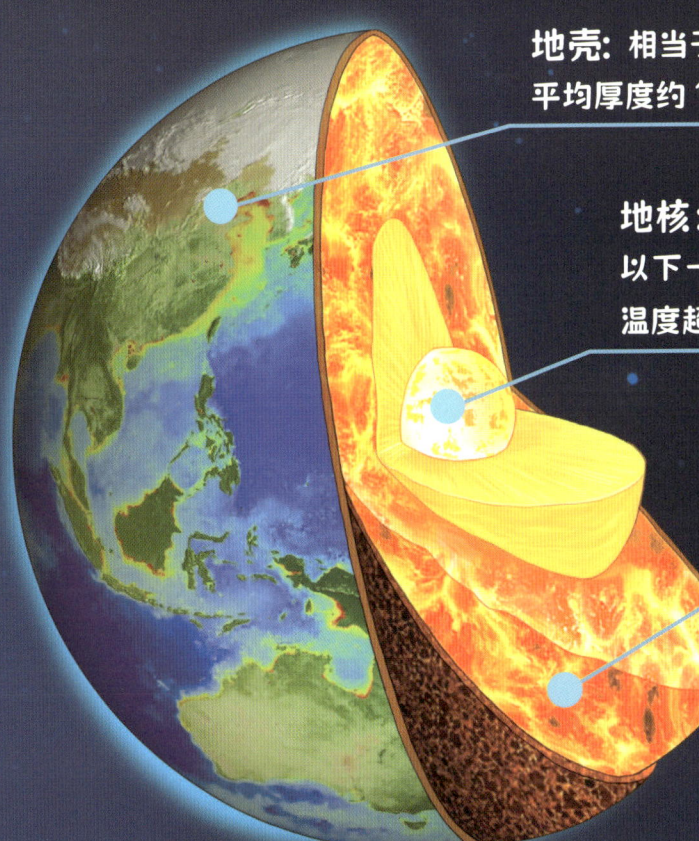

地壳：相当于蛋壳，平均厚度约 17 千米。

地核：相当于蛋黄，是地幔以下一直到达地心的部分，温度超高，是地球的核心。

地幔：相当于蛋清，是从地壳以下至约 2900 千米深度的一层，温度、压力和密度开始由外向内变得非常高。

小石头探秘

地球的结构并不像鸡蛋那样层层分明、质地均匀，而是非常复杂的。

地壳在不同位置时其厚度也是不同的。海洋下面的地壳很薄，平均在 5～10 千米。大陆地壳则较厚，大部分在 30～50 千米，高山地区甚至可以达到 70 千米。

地幔又分为上地幔和下地幔，整体厚度超过 2800 千米。上地幔顶部 70～250 千米的深度存在一个软流圈。软流圈内大部分物质是固态的，部分物质发生熔融，它是岩浆重要的发源地。软流圈以下的地幔部分物质又呈现为固态。

地核是地球的核心，由高含铁、镍元素的物质组成，可以分为内核和外核。一般推测外核由熔融态或近于液态的物质组成，内核由固态物质组成。

地球是个大"热库"

我们的地球已经46亿岁了,地球从形成起就一直在不停地产生和储存热量,经过了很长时间积累了巨大的热量,而且不易散失,它现在就是一个巨大的"热库"。正因如此,地热能才是可再生的。

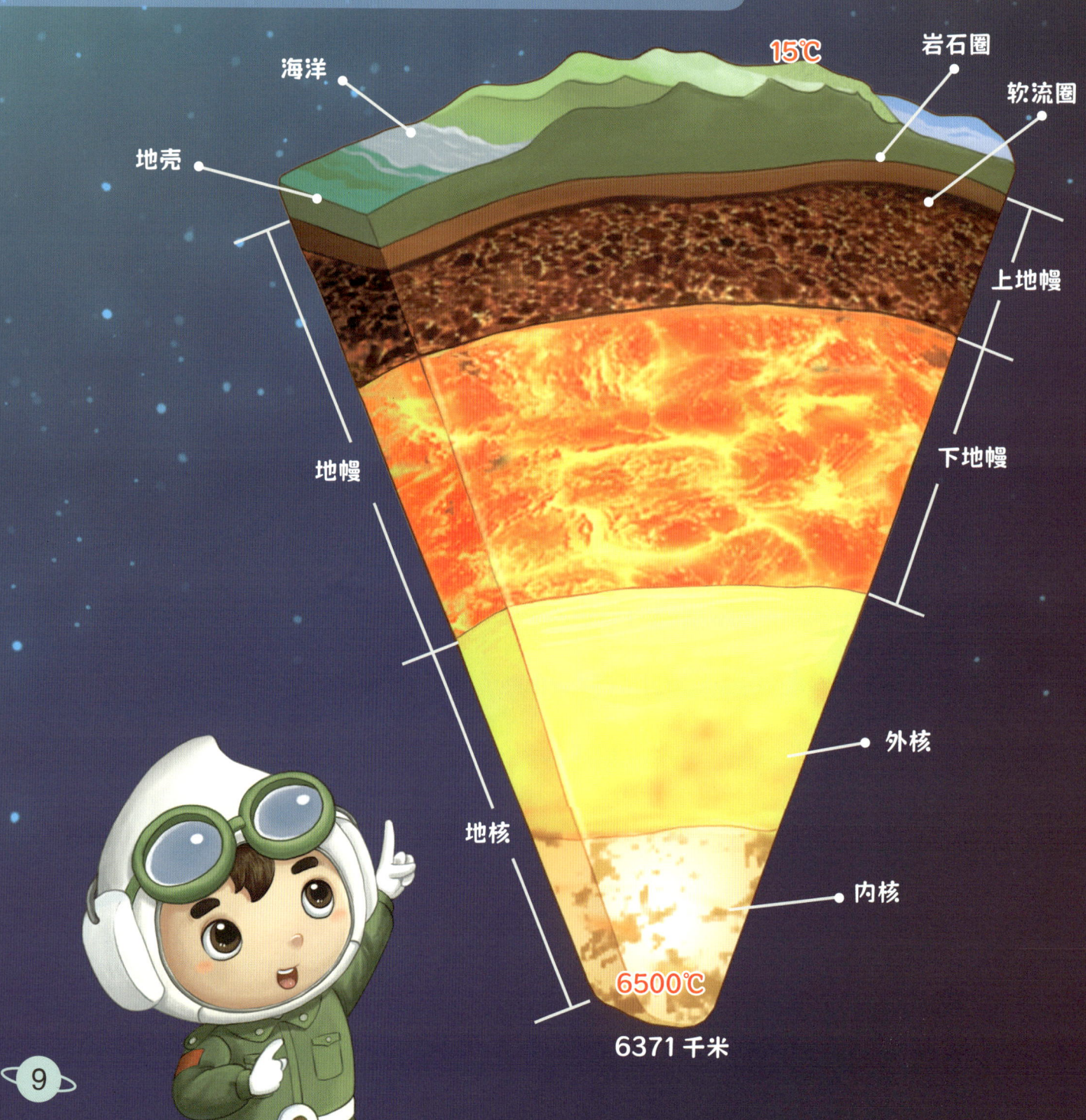

小石头探秘

地心的热量会向外层传递,地球的温度从内到外慢慢降低,现在整体处于比较稳定的状态。正是巨大的热量造成了地球内部物质状态的变化和圈层的分异,这也是地球形成、发展和演化的重要原因哦。

那地心的温度是从哪来的呢?

地球内部的热源与地球的起源和演化历史都有关。主要的热量来源有两种:一种是地球形成早期残留的热量,另一种是地球内部放射性元素衰变释放出来的热量。

源源不断的热量传递

热量具有从高温向低温传播的性质,因此地球内部的热量可以源源不断地向地表传递。地球内的岩石、地下流体和岩浆等都可以传递热量。

地心的温度那么高,为什么我们站在地上一点也不会觉得烫呢?

这就要感谢我们脚下的岩石圈啦!岩石圈是由地壳和软流圈以上的上地幔部分共同组成的。它能够对地球内部热量起到阻挡的作用,避免内部热流的大规模散失,所以我们平时就感觉不到地热。

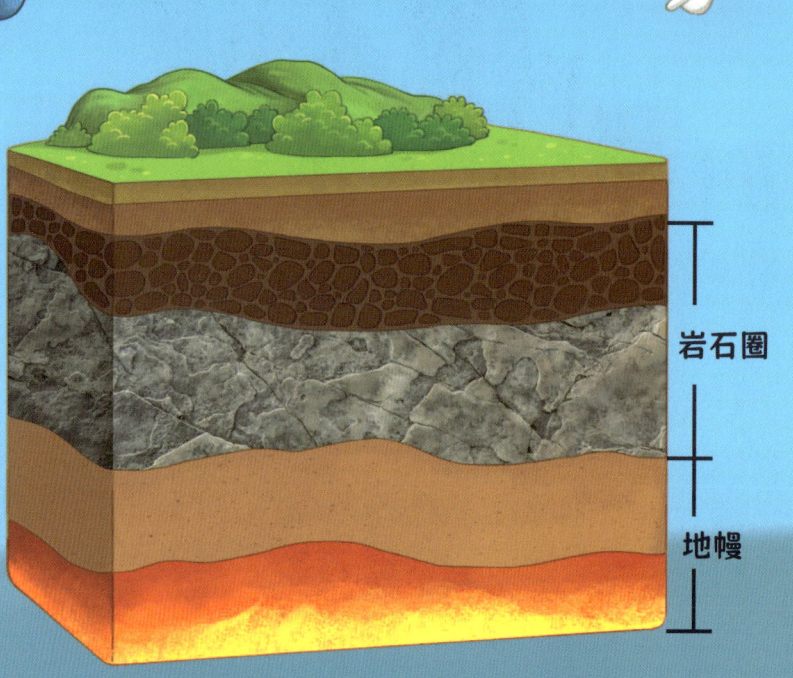

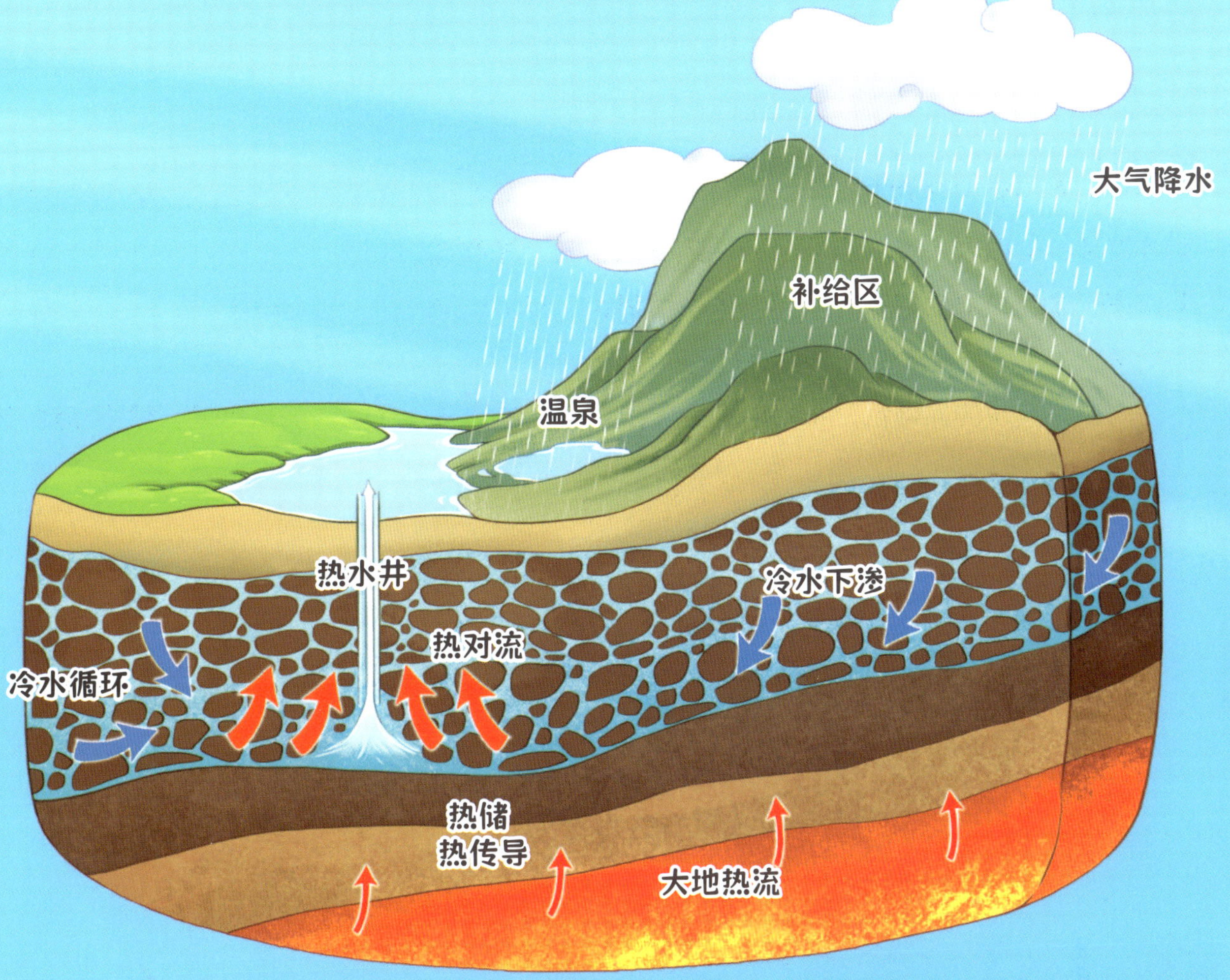

小石头探秘

地球内部的热量传递主要有两种形式：

热传导：地球内部的热量，主要通过岩石传导的方式到达地表。这种方式非常重要，但是岩石对热量的传递速度非常缓慢。

热对流：地下流体被加热后，在向上运移的过程中，将一部分热量带到地壳的浅部，引起热量传递。这种方式叫作热对流。

由于热量从地表以下的地层传递，温度逐渐升高，深度每增加100米所升高的温度就是地温梯度。通常地下平均地温梯度约为每深100米温度升高3℃，在地热富集区，地温梯度更高，每深100米温度升高可超过10℃。

分布广泛的地热资源

地热资源确实分布非常广泛,但也并不是均匀分布的。地热的分布与地质构造背景、热源和传热条件等因素有关。世界上的地热资源主要分布在四大地热带,分别是环太平洋地热带、地中海—喜马拉雅地热带、大西洋中脊地热带、红海—亚丁湾—东非裂谷地热带。这些地热带和全球的火山、地震带关系很紧密。

此外,板块的内部也分布着地热资源,它们主要依靠大地热流正常增温,温度相对较低。

大地热流

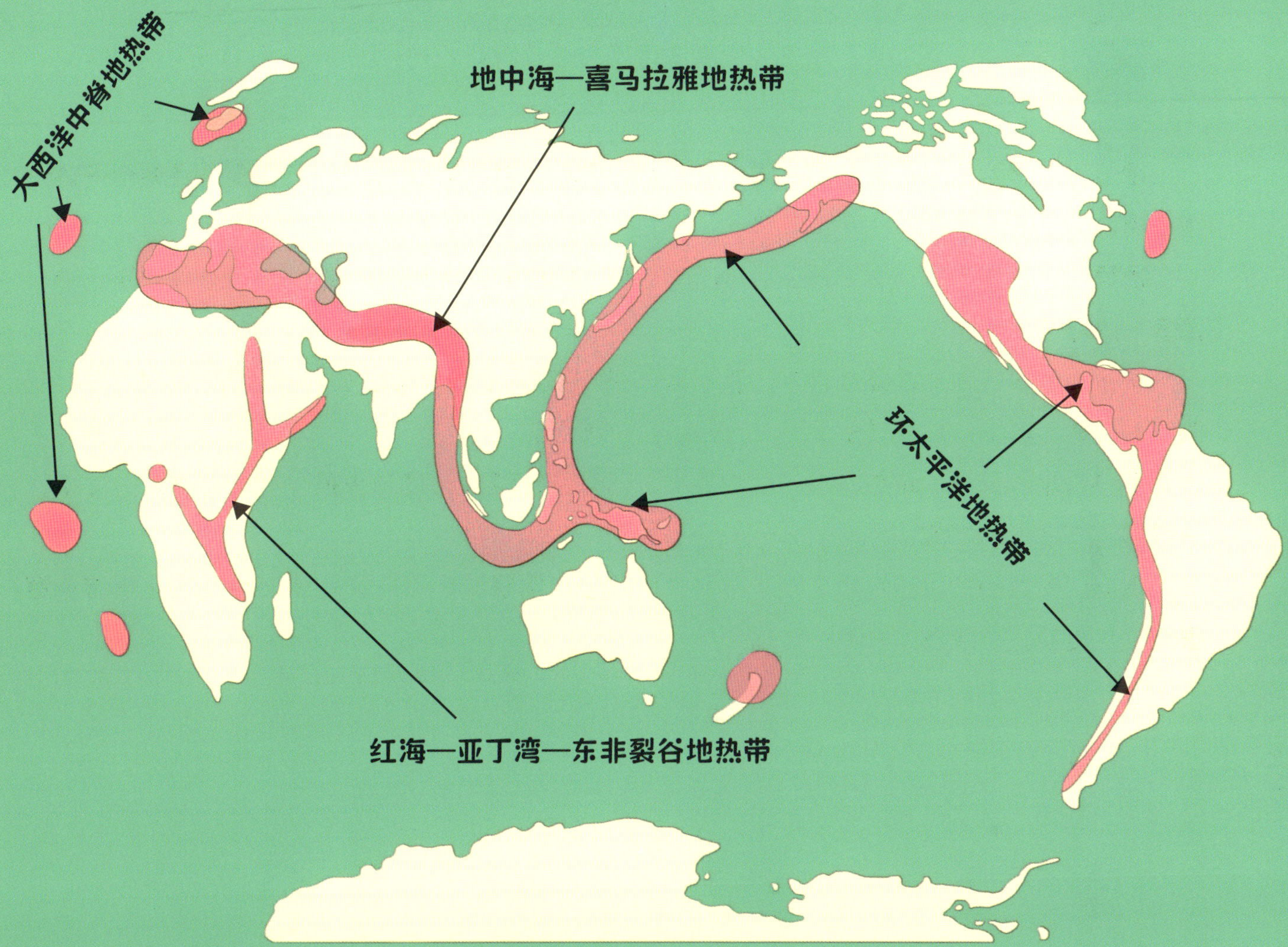

大西洋中脊地热带

地中海—喜马拉雅地热带

环太平洋地热带

红海—亚丁湾—东非裂谷地热带

小石头探秘

　　我国的地热资源非常丰富，总资源量约占全球总量的 7.9%。我国水热型地热资源量折合 1.25 万亿吨标准煤，年可开采资源量折合 19 亿吨标准煤；全国 336 个地级以上城市的浅层地热能，年可开采资源量折合 7 亿吨标准煤；埋深在 3000～10000 米的干热岩资源量折合 856 万亿吨标准煤。我国目前每年能源消费总量在 50 亿吨标准煤左右，对比来看，地热资源的可利用量是不是非常可观呢？

多种多样的地热资源

地热资源大家族有不同类型的成员，它们分别是浅层地热资源、水热型地热资源和干热岩地热资源。

浅层地热资源：距离我们最近，储存在地下 200 米深度范围内的水体、土体和岩石中，温度一般低于 25℃。

水热型地热资源：埋藏在地下几百米到几千米不等，由储存在地层岩石空隙中的地下水吸收热量形成，温度一般不低于 25℃，甚至超过 150℃。

干热岩地热资源：地热家族中潜力最大，储存在没有水或者只有很少量水的高温岩体中，一般温度都高于 180℃。

我们目前利用的地热资源主要是浅层和水热型地热资源。干热岩地热资源开发的难度虽然很大，但是我们一直在探索哦！

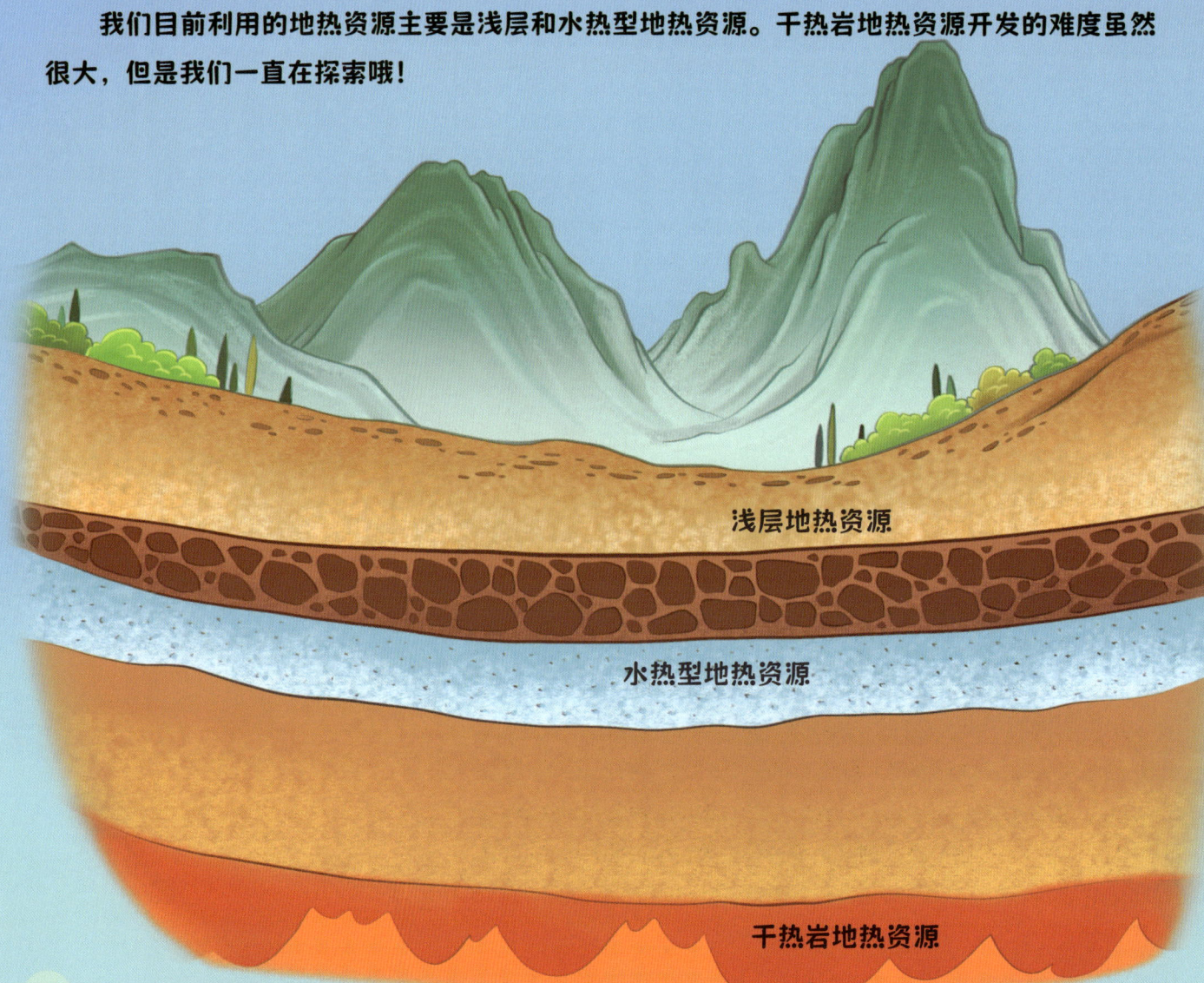

小石头探秘

根据地热资源的地质构造背景、埋藏深度、温度等要素，可以将地热资源划分为不同的类型。如根据地热资源的温度高低，地热资源可以分为：

高温地热资源：温度＞150℃；

中温地热资源：温度介于90～150℃；

低温地热资源：温度＜90℃。

地热水的旅行

我们脚下的土地和更深的岩石中都存在空隙，地表的流水和雨水都可以通过这些空隙渗入地下，并在地下流动。补给、径流和排泄是地下水循环的三个基本环节。地下水在流动的过程中不断吸收地球内部的热量，因此就变成了地热水。地热水通过自然或者人工钻井的方式可以再次返回地表，为我们人类所利用。

降水

小石头，我还有一个问题。那地下水又是从哪里来的呢？

地球上的水一直在循环旅行，有些是我们能看见的，比如地表的江河湖泊、降雨，而有些是我们看不见的，比如地下水。

小石头探秘

地热异常：一种地下温度和地热梯度比周围地区显著增高的现象。

热储：地热流体相对富集，具有一定渗透性，并含有载热流体的岩层或岩体破碎带。

地下水的补给和排泄：指地下水和外界水体发生水量交换作用的正向（收入）和反向（支出）行为。

地下水径流：地下水由补给区向着排泄区流动的过程，简称径流。

冷凝

蒸发

渗透

地热资源真的太吸引人了。它不仅储量大、分布广,而且是清洁可再生的,真是地球送给人类的能量宝库。我们一定要好好地利用它、保护它。

美丽的地热景观

小石头探秘

我们地球内部的软流圈里蕴藏了大量的炙热岩浆。其中有很多容易变成气体的物质，当岩浆上升靠近地表、压力降低时，这些物质就会化为气体急剧释放。在一些地质条件比较脆弱的地方，岩浆冲出地表，就产生火山喷发的奇观啦。

那什么情况下容易产生火山喷发呢?

火山喷发是地球内部热能在地表最明显、最强烈的显示,活跃的火山带也往往是高温地热资源集中分布的地方。由于板块运动和碰撞,板块交界处的结构会被改变甚至破坏,因此这些地方就很容易发生火山喷发。

小石头探秘

火山喷发不仅壮观，还会给人们的生活带来巨大的影响。火山喷出的火山灰和气体弥漫在空中，会挡住阳光，影响当地的温度和环境，甚至间接影响全球的气候。如果大量火山灰和暴雨融合，还可能会形成泥石流灾害，让许多人无家可归。但落在田地中的薄薄的火山灰则能为土地提供丰富的养料，使土地更肥沃，这对农民伯伯来说又是一件好事。

不安分的间歇泉

随后,"地热号"飞船载着小石头和小新来到了一个河谷,河谷两侧分布着大大小小几十口泉眼,空气中弥漫着热气。正当小新疑惑地四处张望时,伴随着一声巨响,泉眼突然喷发出巨型水柱。随着时间的推移,水柱越来越高,直冲云霄,水柱周围环绕着层层热气,一时间竟分不清哪是水哪是气。过了约5分钟,泉水的"怒吼"声渐渐变小,泉水也渐渐平静下来。

你现在看到的叫作间歇泉。

间歇泉的产生也是因为地热吗?

小石头探秘

我们可以把间歇泉想象成"地下的天然锅炉"。地下炙热的岩浆会使周围地层的水温度升得很高,并产生大量水蒸气。高温高压的地热水沿狭窄的裂隙上升,随着水蒸气体积逐渐膨胀,压力增大积攒能量,最终带动地热水一起冲出地面,就形成了我们看到的巨型喷泉。

小石头探秘

间歇泉术语源自冰岛，意思是"喷射"。间歇泉因热泉水每间隔一段时间发生间断喷发而得名，多发生于火山运动活跃、地下裂隙发育的地区。间歇泉喷发时，泉水可以形成几米，甚至几十米高的水柱，景象十分壮观。每次喷射时长从几分钟到几十分钟不等，然后就会进入"休息"状态，为下一次喷发积蓄能量。不同间歇泉的"休息"时长也是不一样的。

位于西藏的塔格架间歇泉是我国规模最大、世界海拔最高的间歇泉，海拔高达5080米。除此以外，我国目前已知的间歇泉还有位于西藏的查布间歇泉、泮扎龙间歇泉、谷露间歇泉，位于云南的邦腊掌间歇泉和位于四川的茶洛间歇泉。

国外冰岛大间歇泉、美国黄石公园间歇泉等，都是世界著名的奇景。冰岛大间歇泉泉口水塘直径约 18 米，深 1.2 米，泉水温度最高可达 100 多摄氏度，喷发时水柱可达 60 米以上，十分壮观。

三个孪生子

第三站,小石头带着小新来到了一个巨大的泉眼旁,泉眼仿佛一口煮着沸水的大锅,锅里热水翻腾,湿热的水雾缭绕在泉眼上,旁边矗立着一块大石碑,碑上刻着"热海大滚锅"几个字。

小石头探秘

根据地表泉水的温度,可以分为温泉、热泉和沸泉。

温泉:水温一般在20℃以上,相对而言比较接近人体温度,并且含有对人体有益的多种微量元素。

热泉:水温高于45℃,而又低于当地地表水的沸点。

沸泉:水温达到或超过当地地表水的沸点。在腾冲热海,人们可以将玉米、鸡蛋、花生放入泉水中煮食,因为水温足够高,生鸡蛋5分钟即可煮熟,其他食物也是立等可取。

奇异的泉华

小石头带着小新从"地热号"飞船下来，继续往前走，一路上他们看到了大大小小很多口泉水，滚滚热气环绕着他们，走着走着，小新发现很多泉眼周围的岩石色彩斑斓，很是好看。

小石头探秘

泉华是高温地热水在深循环过程中，溶解了多种矿物质，沿着一定通道上升至地表或地下浅部时，由于温度和压力的变化，矿物质溶解度降低，多种矿物质从地热流体中沉淀下来，在泉口形成色彩和成分各异的沉积体。

根据主要成分，自然界中的泉华主要分为硅华、硫华、钙华和盐华。

硅华主要由二氧化硅沉淀而成，色彩斑斓。

硫华则主要由硫磺构成，呈现黄色。硅华和硫华一般出现在高温泉水附近，二者都具有极强的观赏性。

钙华一般出现在低温泉水周围，主要由碳酸钙沉淀而成，颜色往往是白色。

盐华成分比较多样，有碳酸盐、硫酸盐、卤化物等物质。

按形态，泉华可分为泉华台地、泉华锥、泉华柱等。

大自然真是神奇。壮观的火山、奇特的间歇泉和沸泉、美丽的泉华……竟然都是地热作用下形成的奇特美景。

神奇的地热用途

地热能就在我们身边

地热能是一种非常重要的新能源类型。虽然地热深藏在地表以下，但它在人们的生活中却有着非常丰富的用途。地热能利用方式可以分为直接利用和间接利用两大类。目前中国在地热直接利用方面居于世界首位。

洗浴疗养

景观观赏

养殖

> 地热都有什么用途呀？小石头，你快点给我讲讲！

> 地热直接利用包括采暖、烘干、医疗保健、温泉旅游、农业种植与养殖、工业加工等。地热间接利用主要是地热发电。

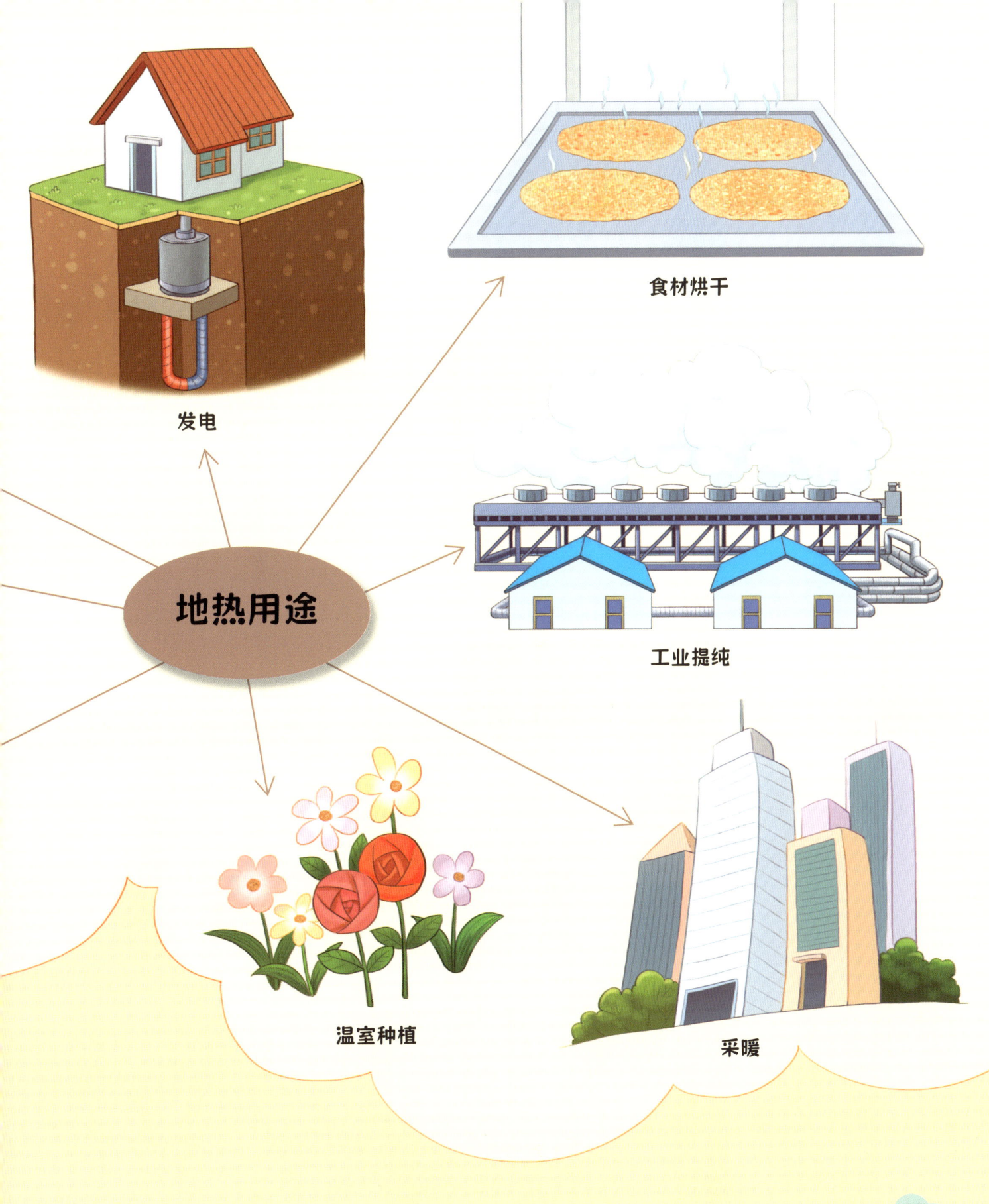

小石头探秘

地热能清洁、稳定、可再生的优势让人们对它的利用越来越重视。地热能利用场景多样，不同温度的地热水具有不同的利用途径和利用价值。聪明的人类就根据这种特点，形成了地热梯级利用的方式，对地热水进行逐级、逐步的多次综合利用。这种方式提高了地热资源的利用效率，避免了地热资源的浪费，做到物尽其用。比如我国西藏的羊八井地热田，在利用地热水发电后将地热水排入露天的大水池中，用来温泉疗养和游泳。

小石头探秘

地热的梯级利用方式：

Ⅰ级：流体温度大于150℃，主要用于发电、烘干等。

Ⅱ级：流体温度90～150℃，主要用于发电、烘干、采暖等。

Ⅲ级：流体温度60～90℃，主要用于采暖、医疗、洗浴、温室种植等。

Ⅳ级：流体温度40～60℃，主要用于采暖、医疗、洗浴、温室种植和养殖。

Ⅴ级：流体温度25～40℃，主要用于洗浴、温室种植和养殖、农业灌溉及采用热泵技术的供暖（制冷）。

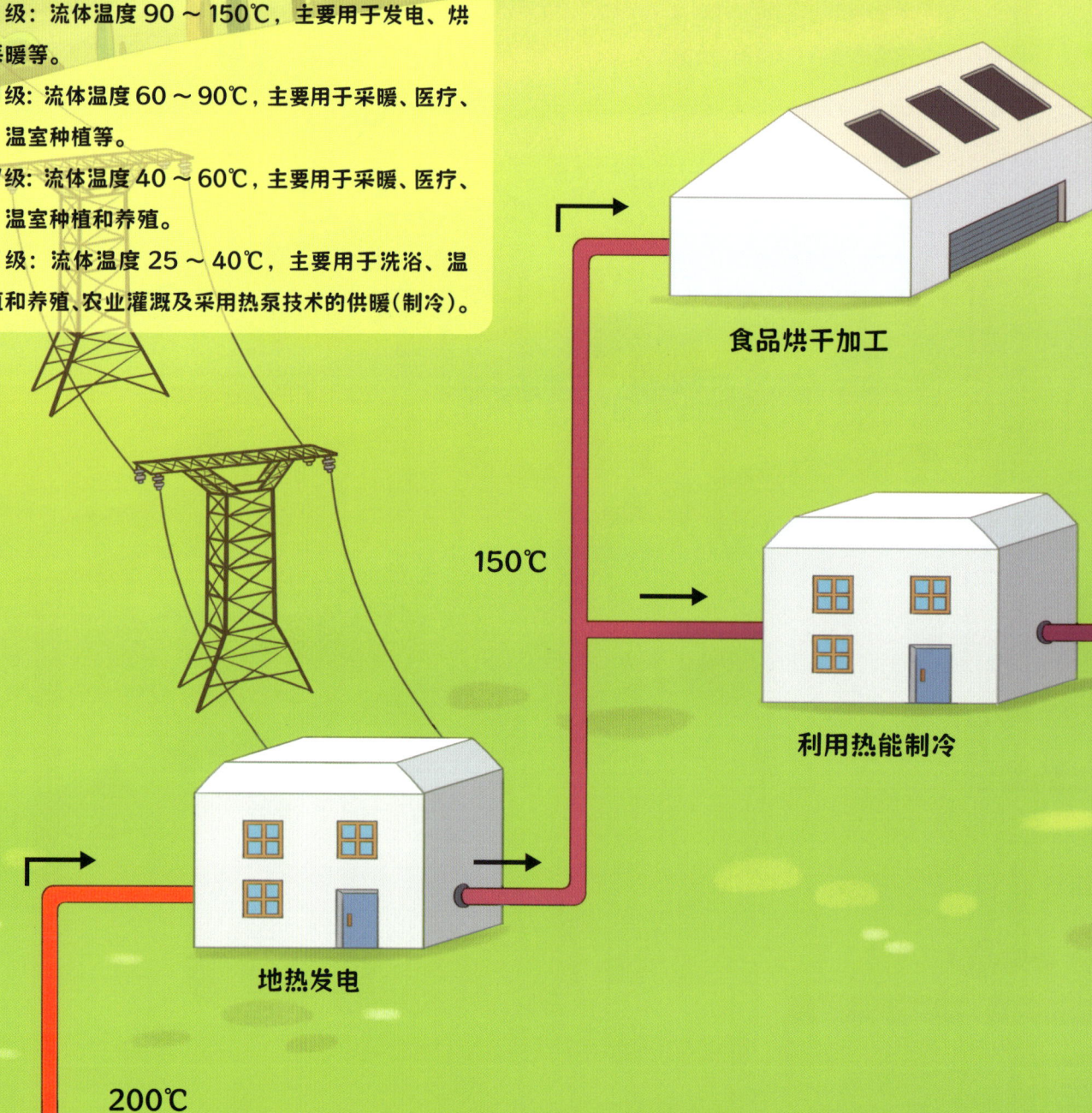

食品烘干加工

利用热能制冷

150℃

地热发电

200℃

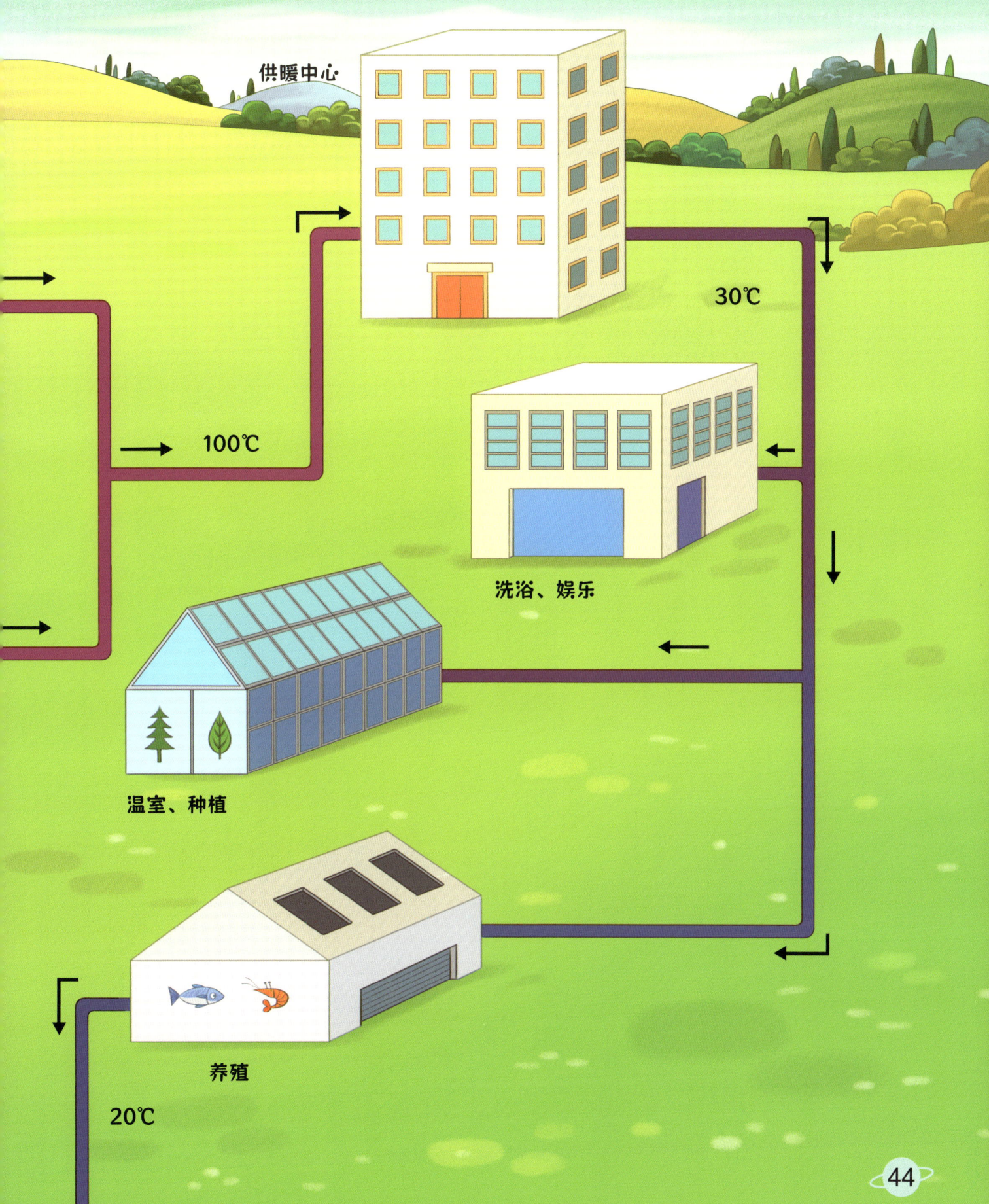

地心的热量来到了我家

近几年，利用地热能这种清洁能源进行供暖的城市越来越多，特别是在我国华北地区。地热能供暖一般采用的是地下深度 1000～4000 米、温度高于 45℃的地热水。一般地层中的地热水是不会自己流出来的。人们通过钻井的方式，制造出地热水和地表的通道，然后用机器将地热水抽到地面加以利用。这种井叫作地热开采井。

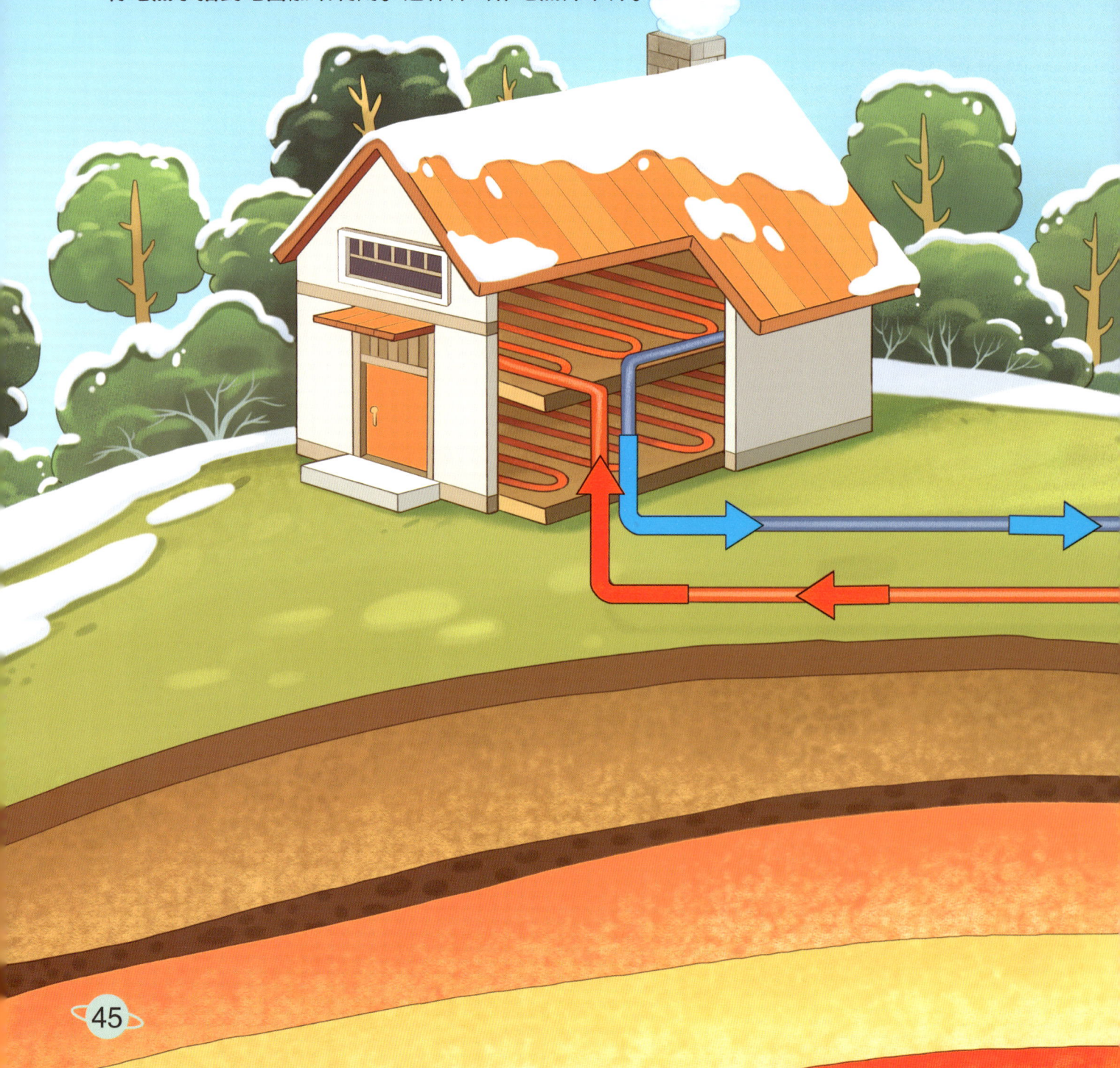

小石头探秘

地热供暖采用的是"取热不耗水"的方式，此时地热水和供暖用水分别处于两个相互独立的管道系统中，这两套系统通过换热器联系在一起。换热器能够将地热水的热量快速地传递给洁净的供暖冷水，使水的温度升高，它流进家中把热量散发出来，家中就变暖和啦！降温后的供暖水还会再次返回换热器，重新加热使用，这样就能把地下的热量源源不断地带到我们家里。

地热水也需要休息

虽然地热资源是可再生的，但是我们在开采地热水的时候必须要充分考虑它的可持续性。通过地热水的回灌能够有效保护地热水、地热资源和环境。

> 这可真是太棒了！那地热水把热量传递给冷水以后去哪里了呢？是不是也需要循环加热？

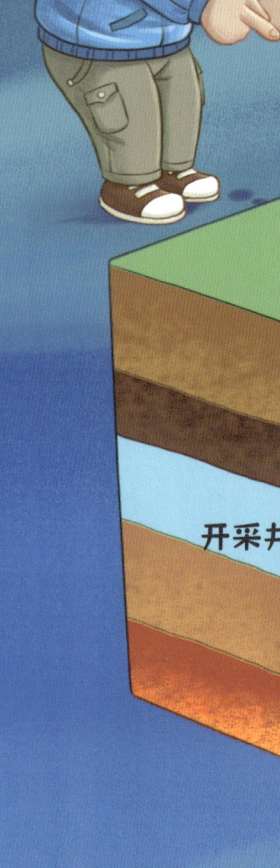

小石头探秘

人们在钻凿开采井的同时，还会在它附近再打一口回灌井，用来将使用后的地热水重新注入地下热储层中。这个过程就叫做地热水的回灌。地热水的回灌层与采水层通常为同一热储层。地热水回到地下的热储层后继续慢慢吸收热量，重新变得"热力十足"。

地热水回灌能够在一定程度上增加地热水的补给，维持地层能量的平衡，同时还可以减轻地面沉降等地质灾害的发生，保证资源的可持续开发利用。

走进"地热城"

利用地热能供暖，不需要燃烧燃料就可以获得热量，是一种非常清洁的供暖方式。位于河北省雄安新区的雄县，是我国华北平原地热资源最丰富的地区之一。目前，雄县县城里的建筑基本上都是用地热能供暖的，是一座名副其实的"地热城"。

> 小石头，你知道的可真多。

> 在我们国家的很多地方，已经进行了大规模的地热供暖应用。我带你去有名的"地热城"看一看吧！

为什么叫它"地热城"呀?

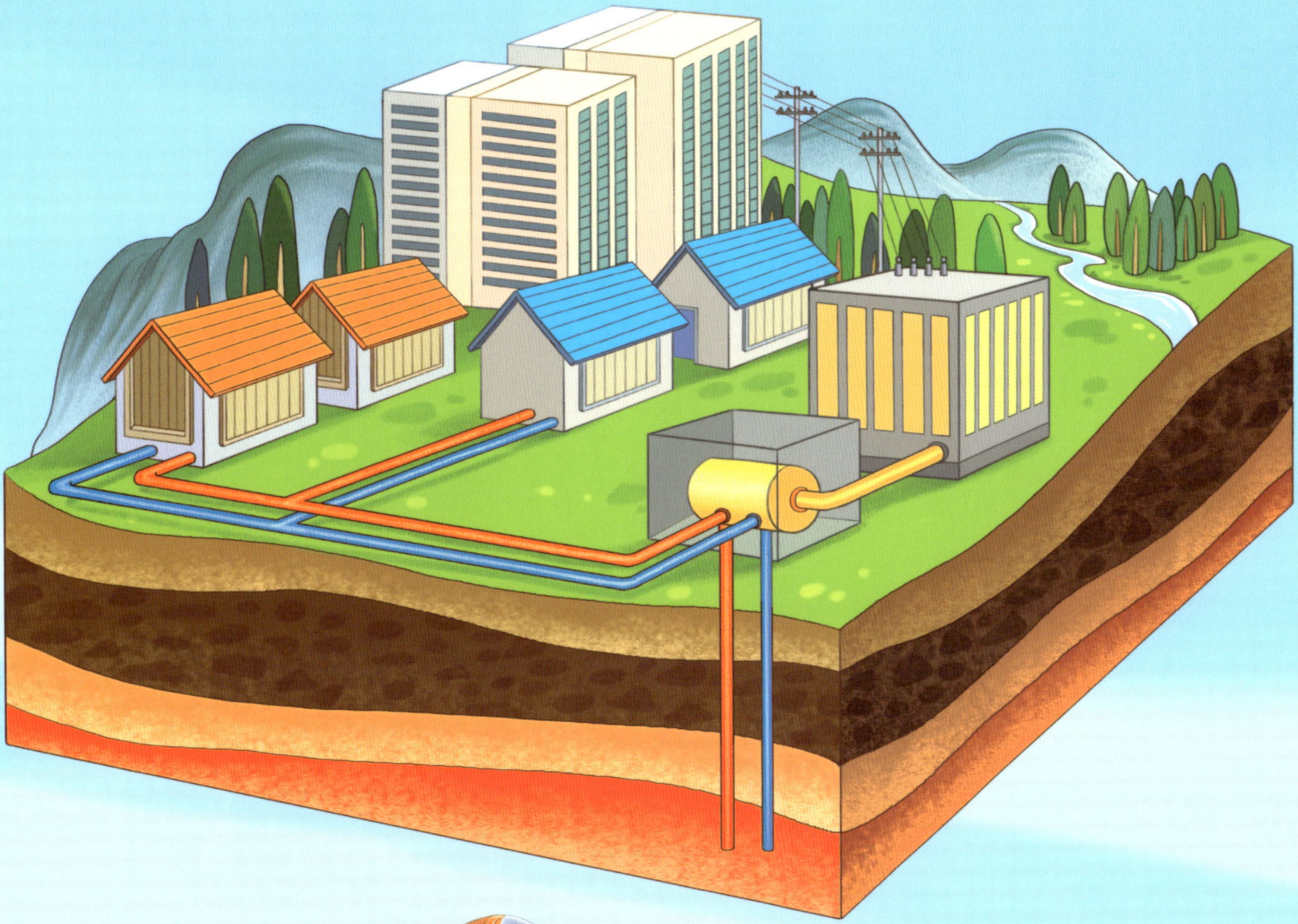

小石头探秘

十几年前,中国石化新星公司就开始在这里进行地热能供暖建设,现在已经可以给约 560 万平方米的建筑供暖。新星公司雄县地热开发项目,不仅形成了全国推广的"政企合作、市场运行、统一开发、技术先进、环境保护、百姓受益"的"雄县模式",更在国际上打出了中国地热开发利用的影响力,被国际可再生能源机构(IRENA)纳入全球推广项目。

这里就是地热供暖系统的心脏——换热站。地热水的处理、换热等工作都是在这里完成的，工作人员可以对水的流量、温度、压力等数据进行实时监测和传输，还可以根据不同的用热需求进行控制和调整。不管冬天户外有多冷，都能保证大家的家里是温暖舒适的。

清洁稳定的地热发电

地热发电利用至今已有近百年的历史，是地热能间接利用的主要方式。地热可以提供持续不断的能量供给，因此地热发电比风能、太阳能发电具有更长的发电时长和更好的稳定性，发电利用效率也更高。同样的装机条件下，地热能的年发电量大约是风能的3.5倍、太阳能的5倍。

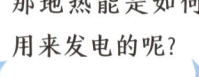

那地热能是如何用来发电的呢？

地热发电是利用地热蒸汽或用地热水的热能制取的蒸汽生产电力，实际上是把地下的热能转化为机械能，再把机械能转化为电能的过程。

小石头探秘

著名的西藏羊八井地热电站是我国第一座也是最大的高温地热蒸汽电站。它始建于1977年，目前总装机容量是26.18兆瓦。在20世纪八九十年代，羊八井地热电厂的发电量曾一度占据拉萨电网供给的60%以上，被誉为"世界屋脊上的一颗明珠"。截至目前，羊八井地热电站的发电量累计超过34亿度，减少二氧化碳排放量超过275万吨，为西藏社会经济发展和节能减排作出了重要贡献。此外，它的发电尾水还为羊八井镇扶贫搬迁安置点、温泉度假村等提供热水进行综合利用。

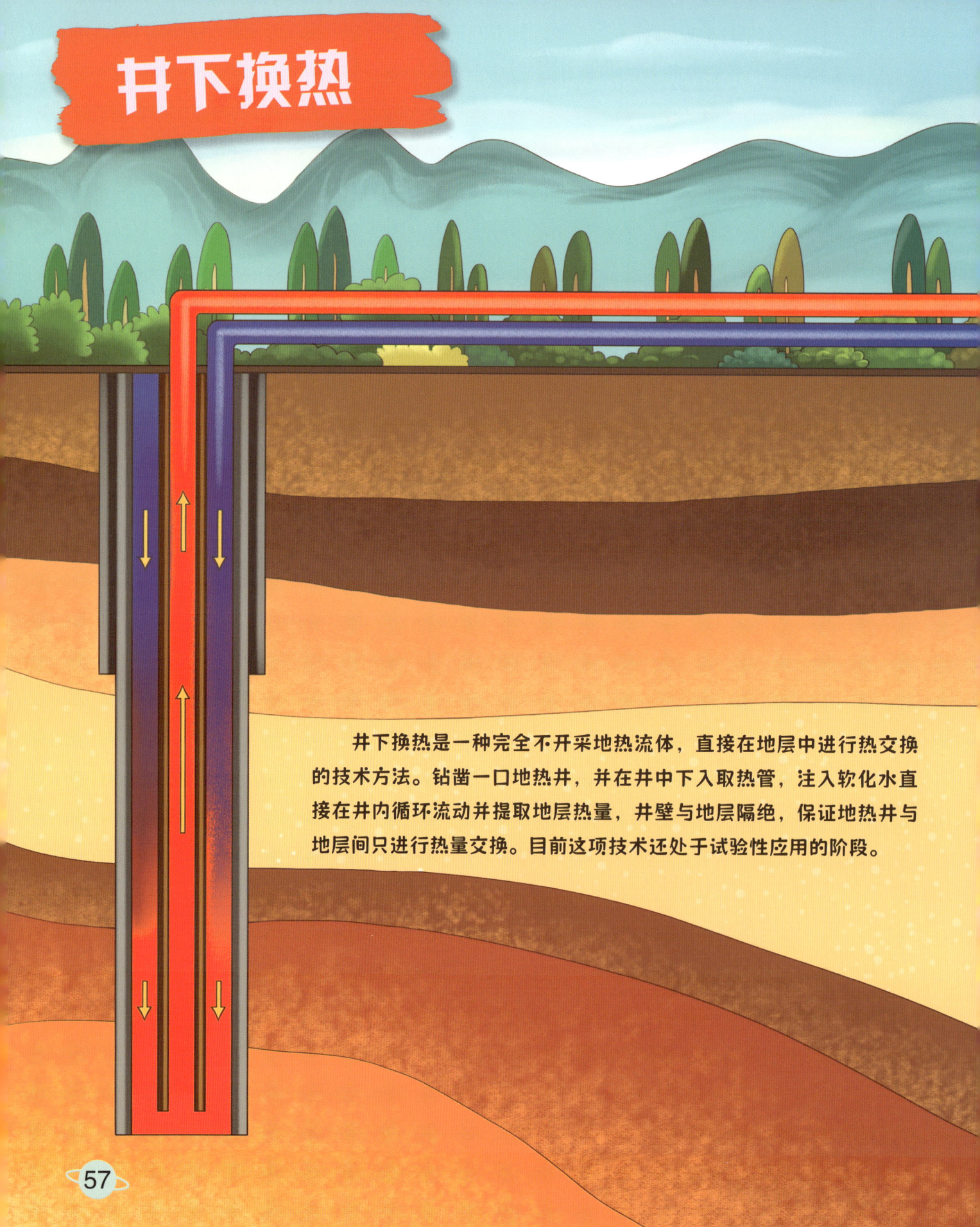

井下换热

井下换热是一种完全不开采地热流体,直接在地层中进行热交换的技术方法。钻凿一口地热井,并在井中下入取热管,注入软化水直接在井内循环流动并提取地层热量,井壁与地层隔绝,保证地热井与地层间只进行热量交换。目前这项技术还处于试验性应用的阶段。

我们之前讲到的利用地热能的方法，确实都需要将地热水从地下抽到地面上来。但近年来，也出现了一种被称为"井下换热"的新技术。

我们必须要通过地热水，才能利用地热能吗？

58

干热岩：等待开发的未来能源

小石头，刚才你讲了这么多，基本都是和地热水有关的。不是还有一种干热岩地热资源吗？它是怎么利用的呢？

干热岩埋藏深度大，其中几乎没有流体，所以虽然干热岩资源潜力巨大，但是如何把热量带到地面并加以利用是个大问题。

干热岩的研究和开发是一项雄心勃勃但又耗资巨大的计划。干热岩经济高效开发利用技术是目前全球地热领域研究的热点和难点。科学家们正在不断开展相关研究，努力让这种地热资源得到更好的利用。

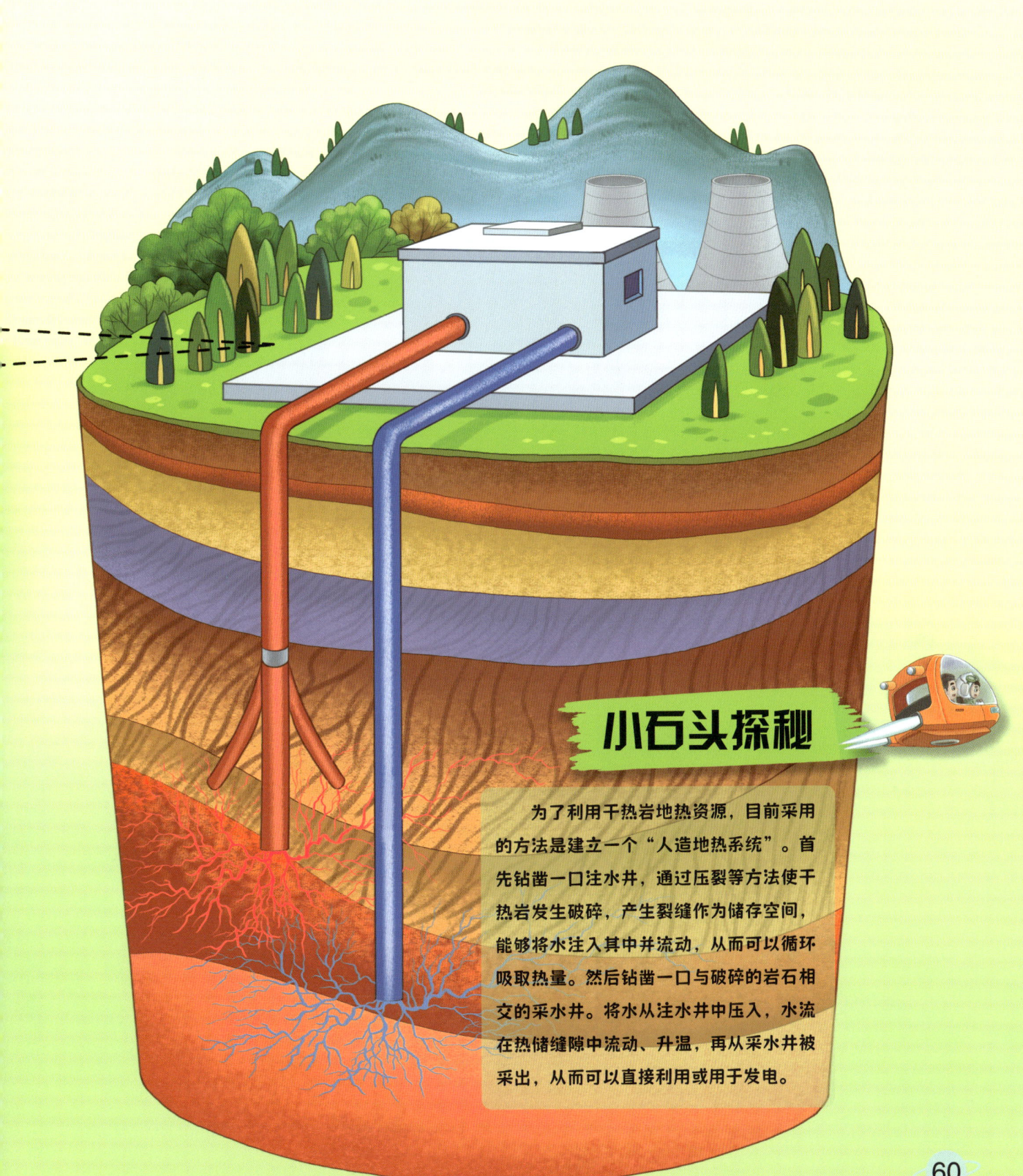

小石头探秘

为了利用干热岩地热资源，目前采用的方法是建立一个"人造地热系统"。首先钻凿一口注水井，通过压裂等方法使干热岩发生破碎，产生裂缝作为储存空间，能够将水注入其中并流动，从而可以循环吸取热量。然后钻凿一口与破碎的岩石相交的采水井。将水从注水井中压入，水流在热储缝隙中流动、升温，再从采水井被采出，从而可以直接利用或用于发电。

雾霾的成因

　　雾霾就是"雾"与"霾"的结合物。"雾"是空气中飘浮着的大量细小水滴,这种自然现象在地面上称为"雾",飘在空中则称为"云"。而"霾"则是颗粒物的统称,雾霾中颗粒物粒径小于 2.5 微米的主要成分是硫酸盐和硝酸盐。这些羽状微颗粒表面积非常大,在空中长期飘浮很难沉降。

雾霾会一直存在吗？

雾霾是特定的气候条件和人类活动相互作用形成的大气污染现象，不会一直存在。

小石头探秘

雾霾的形成既与人类活动有关，也与气象、地理等条件有关，是人为因素和自然因素共同作用的结果。气象专家认为，雾霾天气形成的根本原因是燃煤废气、机动车尾气、工业生产废气、市区扬尘的大量排放；当这些物质的排放量超过大气循环能力和承载度时，细颗粒物的浓度就会持续积聚，加之空气扩散条件不好，就很容易出现大范围的雾霾天气。专家建议，要减轻污染，主要从减少污染源入手。

什么是碳排放？

碳排放，是人类生产经营活动过程中向外界排放温室气体（二氧化碳、甲烷等）的过程。碳排放是目前被认为导致全球变暖、大气污染的主要原因之一。因此，减少碳排放成为世界各国保护生态环境的重要途径。

同学们在日常生活中都有哪些减碳行为呢？

我家用地热能供暖。

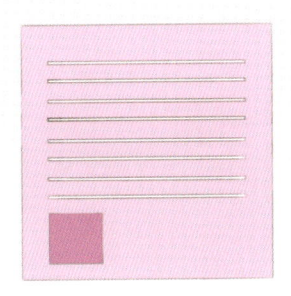

碳排放
"双碳"目标
清洁能源
减少碳排放

绿色出行。

节约用电。

小石头探秘

随着全球经济的发展，人类的生产活动导致碳排放量也大幅增长，超过环境承受能力的碳排放会给我们的地球造成极大的伤害。为了保护我们赖以生存的家园，世界各国已经达成共识，要对碳排放进行控制。对此，我国已于2020年提出"双碳"目标，即在2030年实现碳达峰，在2060年实现碳中和。

碳达峰是指到某一个时间点，碳排放量达到峰值不再增长，之后逐步回落。

碳中和则是指通过植树造林、节能减排、发展新能源等一系列方法，抵消我们产生的碳排放量，实现向自然界的"零排放"。

69

小石头探秘

为了减少碳排放,世界各国都在积极开发、利用可再生能源,包括地热能、风能、太阳能、水能等。

地热能是我国能源供应体系的重要分支,也是新能源的重要组成部分,因其储量大、分布广、清洁环保、稳定可靠等特点为国家所重视。地热能可以替代一些传统化石燃料,避免燃烧过程中向大气排放二氧化碳、二氧化硫、氮氧化物及可吸入颗粒,还可以用在供暖、发电、农业养殖等方面,具有广阔的发展前景。

算一算，地热供暖减碳知多少

来，我带你看一组数据，感受下地热资源的作用和前景。

小石头探秘

科研人员曾估算过，地热资源能够提供的热量约为全球煤炭燃烧所释放热量的 1.7 亿倍，每年从地球内部经地表散失的热量则相当于 1000 亿桶石油燃烧产生的热量。不仅如此，全球每年可开采的地热能总量远超全球每年能源消耗的总量。因此，随着科学技术的不断进步，地热能的开发潜力无疑是巨大的。

目前，中国石化在我国利用地热能供暖的面积已经超过 7000 万平方米，相当于每年种植了超过 280 万棵树！

> 亲爱的小读者，你可以算一算，你的家如果用地热能供暖，可以为节能减碳作出什么贡献呢？

那晚，所有困惑都得到解答的小·新睡得格外香甜。在梦中，他不用透过厚厚的雾霾去努力找寻天空的色彩，而是和小石头一起自由自在地在阳光下奔跑，和爸爸妈妈一起去探寻美丽的地热景观，远处的天空是那么清澈湛蓝……

"地热能真的让我们的地球变得更加美丽，更加美好了。"小·新在睡梦中露出了微笑。

创作团队简介

本书创作团队汇聚了中国石化党组宣传部与中国石化新星石油公司宣传力量。创作者们不仅对石化行业有着深厚的热爱和专业的理解,更怀揣着对科学普及工作的无限热忱。他们始终坚守传播石化行业科学知识、提升公众科学素养的初心,始终坚持将专业知识与创新理念相结合,力求让每一个知识点都能以生动有趣、易于理解的方式呈现给读者。

在创作过程中,创作团队还广泛征求业内专家和学者的意见,对书稿进行了多次修订和完善,他们将地热能的开发、利用及其对环保、能源转型等方面的贡献,巧妙地融入到了绘本的故事情节和插画设计之中,每一个数据的背后都承载着科学的力量和责任。祝愿《探秘智慧能源:地热》成为一本深受读者喜爱的科普绘本,为推动我国科普事业的发展贡献自己的力量。

创作团队成员

刘姗、孙锦、曲艺、姜俊花、吴陈冰洁、朱锦悦、何春艳、任宁宁、裴瑜、戴安妮

石头纸 环保新材料

小朋友们,大家有没有注意到,本书使用的纸张很特别呢?它的名字叫"石头纸",是一种环保的新材料。可别小瞧这薄薄的一张纸,它的功能可真不少。它既能作为普通纸张进行书写、印刷,又具有耐撕、耐折、防水、防霉等功能,能够代替大部分传统的塑料包装物。石头纸不仅功能强大,而且还是一枚妥妥的"环保专家"。与传统造纸行业相比,石头纸的生产不需要砍伐树木,可以节省大量的林木资源,制作过程中没有废水、废渣和有毒气体的排放,同时可减少**99%**的耗水量,减少**65%**的二氧化碳排放量,单位能耗可节约**56%**。作为塑料包装物的替代产品,它还能够为国家节省大量的石油资源。更厉害的是石头纸在完成使命后还能够降解为粉末,回归大自然。